四川省工程建设地方标准

水泥基复合膨胀玻化微珠
建筑保温系统技术规程

Technical Specification of Thermal Insulating Rendering Systems of Buildings Made of Cement Based Mixed With Expanded and Vitrified Tiny Bead

DB51/T 5061 – 2015

代替 DB51/T 5061 – 2008

主编单位： 四川省建材工业科学研究院
批准部门： 四川省住房和城乡建设厅
施行日期： 2 0 1 5 年 1 2 月 0 1 日

西南交通大学出版社

2015 成 都

图书在版编目（ＣＩＰ）数据

水泥基复合膨胀玻化微珠建筑保温系统技术规程 /
四川省建材工业科学研究院主编 . —成都：西南交通大
学出版社，2015.10
　　（四川省工程建设地方标准）
ISBN 978-7-5643-4354-5

Ⅰ．①水… Ⅱ．①四… Ⅲ．①水泥基复合材料－保温
材料－设计规范－四川省 Ⅳ．①TB35-65
　　中国版本图书馆 CIP 数据核字（2015）第 250373 号

四川省工程建设地方标准

水泥基复合膨胀玻化微珠建筑保温系统技术规程

主编单位　四川省建材工业科学研究院

责 任 编 辑	胡晗欣
封 面 设 计	原谋书装
出 版 发 行	西南交通大学出版社 （四川省成都市金牛区交大路 146 号）
发行部电话	028-87600564　028-87600533
邮 政 编 码	610031
网　　　址	http://www.xnjdcbs.com
印　　　刷	成都蜀通印务有限责任公司
成 品 尺 寸	140 mm × 203 mm
印　　　张	2.25
字　　　数	53 千字
版　　　次	2015 年 10 月第 1 版
印　　　次	2015 年 10 月第 1 次
书　　　号	ISBN 978-7-5643-4354-5
定　　　价	25.00 元

关于发布四川省工程建设地方标准

《水泥基复合膨胀玻化微珠建筑保温系统技术

规程》的通知

川建标发〔2015〕536 号

各市州及扩权试点县住房城乡建设行政主管部门，各有关单位：

由四川省建材工业科学研究院修编的《水泥基复合膨胀玻化微珠建筑保温系统技术规程》，已经我厅组织专家审查通过，现批准为四川省推荐性工程建设地方标准，编号为：DB51/T 5061 - 2015，自 2015 年 12 月 1 日起在全省实施。原地方标准《水泥基复合膨胀玻化微珠建筑保温系统技术规程》（DB51/T 5061 - 2008）于本标准实施之日起同时作废。

该标准由四川省住房和城乡建设厅负责管理，四川省建材工业科学研究院负责技术内容解释。

四川省住房和城乡建设厅

2015 年 7 月 23 日

前　言

本规程根据四川省住房和城乡建设厅川建科发〔2011〕268号通知的要求，由四川省建材工业科学研究院会同有关单位在原《水泥基复合膨胀玻化微珠建筑保温系统技术规程》DB51/T 5061－2008 的基础上修订完成。

在本规程编制过程中，规程编制组进行广泛调查研究，开展了专题讨论，总结了水泥基复合膨胀玻化微珠建筑保温系统工程实践经验，参考国内外标准、规范，经过试验验证，并在广泛征求意见的基础上，最后经审查定稿。

本规程分为 8 章及 3 个附录，主要技术内容是：总则、术语、系统分类、基本规定、性能要求、设计、施工、验收等。

本次规程修订的主要技术内容是：

1）修改了界面砂浆、面砖粘结砂浆、耐碱玻纤网格布的技术要求；

2）完善了系统设计要求；

3）明确基层找平厚度不得计入保温层厚度；

4）补充规定了保温系统空鼓检查方法。

本规程由四川省住房和城乡建设厅负责管理，四川省建材工业科学研究院负责具体技术内容解释。执行过程中如有意见或建议，请寄送四川省建材工业科学研究院（地址：成都市恒德路6号；邮编610081）。

本 规 程 主 编 单 位：四川省建材工业科学研究院

本 规 程 参 编 单 位：中国建筑西南设计院有限公司
四川省建筑设计院
中国华西企业股份有限公司第十二建筑工程公司
四川省建设科技发展中心
成都市节能建材工程技术研究中心

本规程主要起草人员：江成贵　秦　钢　冯　雅　罗进元
储兆佛　韦延年　吕　萍　李晓岑
张仕忠　袁宇鹏　李　斌　张剑民
曾　沙　李军红

本规程主要审查人员：黄光洪　刘　晖　李固华　张　静
刘　民　甘　鹰　高庆龙

目　次

Contents

1 总　则

1.0.1　为贯彻落实国家建筑节能政策，规范我省水泥基复合膨胀玻化微珠建筑保温系统及其组成材料的技术要求，保证工程质量，制定本规程。

1.0.2　本规程适用于新建、改建的居住建筑与公共建筑的墙体、楼地面采用水泥基复合膨胀玻化微珠建筑保温系统的建筑保温工程。

1.0.3　水泥基复合膨胀玻化微珠建筑保温系统的设计、施工和验收，除应符合本规程的要求外，尚应符合国家和我省现行有关标准的规定。

2 术 语

2.0.1 水泥基复合膨胀玻化微珠建筑保温系统 thermal insulating rendering systems of buildings made of cement based mixed with expanded and vitrified tiny bead

设置在建筑墙体一侧或两侧、楼地面,由界面层、水泥基复合膨胀玻化微珠保温层、抗裂防护层和饰面层构成,起保温隔热、防护和装饰作用的构造系统。

2.0.2 膨胀玻化微珠 expanded and vitrified tiny bead

由玻璃质火山熔岩矿砂经膨胀、玻化等工艺制成,表面玻化封闭、呈不规则球状,内部为多孔空腔结构的无机颗粒材料。

2.0.3 水泥基复合膨胀玻化微珠保温浆料 thermal insulating slurry based on cement and mixed with expanded and vitrified tiny bead

以普通硅酸盐水泥、聚合物胶粉、添加剂、膨胀玻化微珠等搅拌混合而成的干粉料;使用时加水配成膏体,抹在基层面上,硬化后形成保温层。简称 C-EVB 保温浆料。

按产品性能分为 Ⅰ 型和 Ⅱ 型两种。

2.0.4 界面砂浆 interface treating agent

用于改善基层与保温层表面粘结性能的聚合物水泥砂浆。

2.0.5 基层 substrate

保温系统所依附的结构实体。

2.0.6 抗裂砂浆 finishing coat mortar

由普通硅酸盐水泥、填料、纤维、聚合物胶粉、外加剂搅拌混合制成，能够满足一定变形而不开裂的聚合物水泥砂浆。

2.0.7 耐碱网格布 alkali-resistant fibre mesh

以耐碱玻璃纤维织成的网格布为基布，表面涂覆高分子耐碱涂层制成的网格布；或以玄武岩为基材制成的无机纤维网格布。耐碱网格布按用途分为普通型和加强型。

2.0.8 柔性耐水腻子 waterproof flexible putty

由弹性材料、助剂和粉料等制成的具有一定的柔韧性和耐水性的腻子。

2.0.9 面砖粘结砂浆 adhesive for tile

由普通硅酸盐水泥、砂、聚合物胶粉和添加剂制成的具有一定耐温和耐水性的面砖粘贴专用砂浆。

2.0.10 面砖勾缝料 jointing mortar

由高分子材料、普通硅酸盐水泥、填料和助剂制成的面砖勾缝材料。

2.0.11 保温层 thermal insulating tier

由水泥基复合膨胀玻化微珠保温浆料制成，在保温系统中起保温隔热作用的构造层。

2.0.12 抗裂防护层 defend tier

抹在保温层表面，中间夹有网状增强材料，保护保温层，并起防裂、防水和抗冲击的构造层。

2.0.13 饰面层 facing tier

保温系统抗裂防护层外侧起装饰作用的构造层。

3 基本规定

3.0.1 复合保温墙体、楼地面的保温隔热性能应符合标准《民用建筑热工设计规范》GB 50176、《夏热冬冷地区居住建筑节能设计标准》JGJ 134 或《夏热冬暖地区居住建筑节能设计标准》JGJ 75、《四川省居住建筑节能设计标准》DB 51/5027、《公共建筑节能设计标准》GB 50189 的有关规定。

3.0.2 保温系统涂料饰面层应具有一定的柔性及抗裂性，应选用柔性腻子和弹性涂料作饰面层材料；保温系统采用面砖饰面时，面砖尺寸、质量不宜过大，应采用符合本规程质量要求的面砖粘结砂浆粘贴，禁止使用普通水泥砂浆或水泥浆粘贴。

3.0.3 保温系统的安全性、耐久性和使用功能应满足国家相关标准要求。

3.0.4 墙体内保温系统（外墙内保温系统、外墙内外组合保温系统中的内保温构造部分和分户墙保温系统）应符合以下要求：

    1 无贯穿整个墙面的裂纹，局部裂纹宽度不应超过0.2 mm。

    2 能抵御使用、装修时正常撞击作用而不发生破坏。

3.0.5 楼地面保温系统应能承受使用、装修时正常的压力、冲击作用而不发生破坏。

3.0.6 水泥基复合膨胀玻化微珠建筑保温系统组成材料界面砂浆、胶粉料、抗裂砂浆、面砖粘结砂浆均应在工厂配制拌和均匀制成单一组分，严禁在施工现场配制。

3.0.7 水泥基复合膨胀玻化微珠建筑保温系统生产企业应具备满足生产要求的设备、设施和场所，配备对原材料和成品质量进行检测的仪器设备，建立质量管理体系，生产的水泥基复合膨胀玻化微珠建筑保温系统及组成材料应达到本规程第5章要求。

3.0.8 承担建筑节能工程施工的企业应具备相应的施工资质；施工现场应建立相应的施工质量控制和检验制度，有相应的技术标准。

4 系统构造

4.1 外墙外保温系统

4.1.1 涂料饰面水泥基复合膨胀玻化微珠外墙外保温系统基本构造见图 4.1.1。

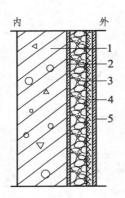

1—基层：混凝土墙及各种砌体墙
2—界面层：界面砂浆
3—保温层：Ⅰ型C-EVB保温浆料
4—抗裂防护层，抗裂砂浆+耐碱网格布
5—饰面层：柔性耐水腻子+涂料

图 4.1.1 涂料饰面水泥复合膨胀玻化微珠外墙外保温系统基本构造图

4.1.2 面砖饰面水泥基复合膨胀玻化微珠外墙外保温系统基本构造见图 4.1.2。

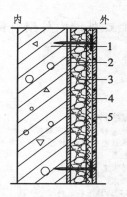

1—基层：混凝土墙及各种砌体墙
2—界面层：界面砂浆
3—保温层：Ⅰ型 C-EVB 保温浆料
4—抗裂防护层，抗裂砂浆+双层耐碱网格布
    或单层镀锌电焊网
5—饰面层：面砖粘结砂浆+饰面砖+勾缝料

图 4.1.2 面砖饰面水泥基复合膨胀玻化微珠外墙外保温系统基本构造图

4.2 外墙内外组合保温系统

4.2.1 涂料饰面水泥基复合膨胀玻化微珠外墙内外组合保温系统基本构造见图 4.2.1。

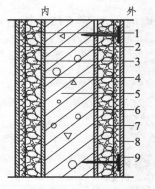

1—饰面层：柔性腻子+内墙涂料
2—抗裂防护层，抗裂砂浆+耐碱网格布
3—保温层：Ⅰ型或Ⅱ型 C-EVB 保温浆料
4—界面层：界面砂浆
5—基层：混凝土墙及各种砌体墙
6—界面层：界面砂浆
7—保温层：Ⅰ型 C-EVB 保温浆料
8—抗裂防护层，抗裂砂浆+耐碱网格布
9—柔性耐水腻子+外墙涂料

图 4.2.1 涂料饰面水泥基复合膨胀玻化微珠
外墙内外组合保温系统基本构造图

4.2.2 面砖饰面水泥基复合膨胀玻化微珠外墙内外组合保温系统基本构造见图 4.2.2。

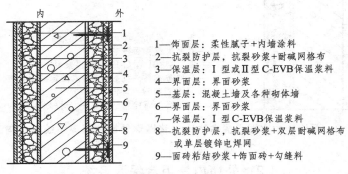

1—饰面层：柔性腻子+内墙涂料
2—抗裂防护层，抗裂砂浆+耐碱网格布
3—保温层：Ⅰ型或Ⅱ型C-EVB保温浆料
4—界面层：界面砂浆
5—基层：混凝土墙及各种砌体墙
6—界面层：界面砂浆
7—保温层：Ⅰ型C-EVB保温浆料
8—抗裂防护层，抗裂砂浆+双层耐碱网格布
　　或单层镀锌电焊网
9—面砖粘结砂浆+饰面砖+勾缝料

图 4.2.2　面砖饰面水泥基复合膨胀玻化微珠
外墙内外组合保温系统基本构造图

4.3　外墙内保温系统

4.3.1　水泥基复合膨胀玻化微珠外墙内保温系统基本构造见图 4.3.1。

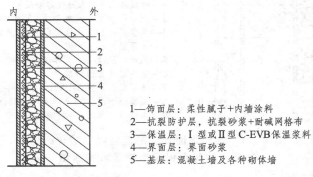

1—饰面层：柔性腻子+内墙涂料
2—抗裂防护层，抗裂砂浆+耐碱网格布
3—保温层：Ⅰ型或Ⅱ型C-EVB保温浆料
4—界面层：界面砂浆
5—基层：混凝土墙及各种砌体墙

图 4.3.1　涂料饰面水泥基复合膨胀玻化微珠外墙内保温系统基本构造图

4.4 分户墙保温系统

4.4.1 水泥基复合膨胀玻化微珠分户墙两侧组合保温系统基本构造见图 4.4.1。

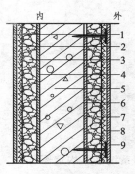

1—饰面层：柔性腻子+内墙涂料
2—抗裂防护层，抗裂砂浆+耐碱网格布
3—保温层：Ⅰ型或Ⅱ型 C-EVB 保温浆料
4—界面层：界面砂浆
5—基层：混凝土墙及各种砌体墙
6—界面层：界面砂浆
7—保温层：Ⅰ型或Ⅱ型 C-EVB 保温浆料
8—抗裂防护层，抗裂砂浆+耐碱网格布
9—柔性耐水腻子+外墙涂料

**图 4.4.1 涂料饰面水泥基复合膨胀玻化微珠
分户墙两侧组合保温系统基本构造图**

4.4.2 水泥基复合膨胀玻化微珠分户墙单面保温系统基本构造见图 4.4.2。

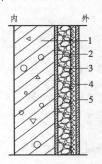

1—基层：混凝土墙及各种砌体墙
2—界面层：界面砂浆
3—保温层：Ⅰ型或Ⅱ型 C-EVB 保温浆料
4—抗裂防护层，抗裂砂浆+耐碱网格布
5—饰面层：柔性腻子+内墙涂料

**图 4.4.2 涂料饰面水泥基复合膨胀玻化微珠
分户墙单面保温系统基本构造图**

4.5 楼地面保温系统

4.5.1 水泥基复合膨胀玻化微珠楼面保温系统基本构造见图4.5.1。

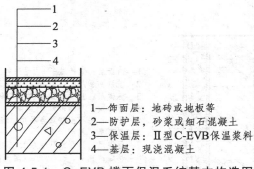

1—饰面层：地砖或地板等
2—防护层，砂浆或细石混凝土
3—保温层：Ⅱ型C-EVB保温浆料
4—基层：现浇混凝土

图 4.5.1　C-EVB 楼面保温系统基本构造图

4.5.2 水泥基复合膨胀玻化微珠地面保温系统基本构造见图4.5.2。

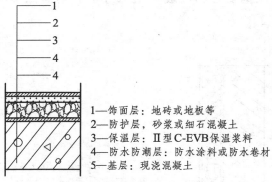

1—饰面层：地砖或地板等
2—防护层，砂浆或细石混凝土
3—保温层：Ⅱ型C-EVB保温浆料
4—防水防潮层：防水涂料或防水卷材
5—基层：现浇混凝土

图 4.5.2　C-EVB 地面保温系统基本构造图

5 性能要求

5.0.1 水泥基复合膨胀玻化微珠外墙外保温系统和水泥基复合膨胀玻化微外墙内外组合保温系统中的外保温构造部分的性能应符合表 5.0.1 要求。

表 5.0.1 水泥基复合膨胀玻化微珠外墙外保温系统和水泥基复合膨胀玻化微珠外墙内外组合保温系统中的外保温构造部分的性能要求

项　　目		性能指标
耐候性		符合《外墙外保温工程技术规程》JGJ 144 的规定要求
吸水量 （浸水 1 h）		≤1 000 g/m^2
抗冲击强度	涂料系统	普通型（单网），3 J 冲击合格 加强型（双网），10 J 冲击合格
	面砖系统	3 J 冲击合格
抗风压值		不小于工程项目的风荷载设计值
耐冻融		寒冷地区 30 次循环，夏热冬冷地区 10 次循环后表面无裂纹、空鼓、起泡、剥离现象
不透水性		试样防护层内侧无水渗透
系统抗拉强度		≥0.10 MPa，并且破坏部位不得位于各层界面
饰面砖粘结强度		≥0.4 MPa
燃烧性能级别		符合 A 级要求

5.0.2 水泥基复合膨胀玻化微珠墙体内保温系统的性能应符合表 5.0.2 的要求。

表 5.0.2 水泥基复合膨胀玻化微珠墙体内保温系统的性能要求

项　　目	性能指标
抗冲击性	30 kg 砂袋冲击 5 次，无裂纹、脱落
系统抗拉强度	≥0.10 MPa，且破坏位置不得位于各层界面
燃烧性能级别	符合 A 级要求

5.0.3 水泥基复合膨胀玻化微珠楼地面保温系统的性能应符合表 5.0.3 的要求。

表 5.0.3 水泥基复合膨胀玻化微珠楼地面保温系统的性能要求

项　　目	性能指标
抗压荷载	200 mm×200 mm 面积、300 kg 荷载作用下 10 min，卸载后受压部位无明显永久性凹陷和破坏
裂纹	砂浆或细石混凝土保护层不应开裂
燃烧性能级别	符合 A 级要求

5.0.4 界面砂浆的性能应符合表 5.0.4 的要求。

表 5.0.4 界面砂浆的性能要求

项　.目		计量单位	指　标
拉伸粘结强度	原强度	MPa	≥0.5
	耐水	MPa	≥0.3
	耐冻融	MPa	≥0.3

5.0.5 膨胀玻化微珠的性能应符合表 5.0.5 的要求。

表 5.0.5　膨胀玻化微珠的性能要求

项　目	计量单位	指　标
粒径	%	2.5 mm 筛筛余量为 0
堆积密度	kg/m³	80 ~ 130
筒压强度	kPa	≥120
导热系数（25 ℃）	W/(m·K)	≤0.050
体积吸水率	%	≤45
体积漂浮率	%	≥80
表面玻化闭孔率	%	≥80

5.0.6 水泥基复合膨胀玻化微珠保温浆料干粉的性能应符合表 5.0.6-1 的要求。

表 5.0.6-1　水泥基复合膨胀玻化微珠保温浆料干粉的性能要求

项　目		计量单位	指　标	
			Ⅰ型	Ⅱ型
外观质量		—	均匀、无结块	均匀、无结块
粉料干密度		kg/m³	200 ~ 250	260 ~ 300
放射性	I_r	—	≤1.0	≤1.0
	I_{Ra}	—	≤1.0	≤1.0

水泥基复合膨胀玻化微珠保温浆料硬化后的性能应符合表 5.0.6-2 的要求。

表 5.0.6-2 水泥基复合膨胀玻化微珠保温浆料硬化后的性能要求

项　目	计量单位	指　标	
		Ⅰ型	Ⅱ型
干表观密度	kg/m³	260~300	300~380
导热系数	W/(m·K)	≤0.07	≤0.08
蓄热系数	W/(m²·K)	≥0.95	≥1.2
抗压强度（28 d）	kPa	≥250	≥400
压剪粘结强度（28 d）	kPa	≥80	≥100
线性收缩率	%	≤0.3	≤0.3
软化系数(28 d)	—	≥0.6	≥0.6
燃烧性能级别	—	A 级	A 级

5.0.7 抗裂砂浆的性能应符合表 5.0.7 的要求。

表 5.0.7 抗裂砂浆的性能要求

项　目		计量单位	指　标
拉伸粘结强度	原强度（养护 28 d）	MPa	≥0.7
	耐水（养护 28 d + 7 d 浸水）	MPa	≥0.5
	可操作时间（1.5 h，养护 28d）	MPa	≥0.7
压折比		—	≤3.0

5.0.8 耐碱玻璃纤维网格布的性能应符合表 5.0.8 的要求。

表 5.0.8　耐碱玻纤网格布的性能要求

项　目	计量单位	性能指标	
		普通型	加强型
网孔中心距	mm	4 × 4	6 × 6
单位面积质量	g/m²	≥160	≥270
耐碱断裂强力(经、纬向)	N/50 mm	≥1 000	≥1 500
耐碱断裂强力保留率(经、纬向)	%	≥80	≥80
断裂应变（经、纬向）	%	≤5	≤5

5.0.9　柔性耐水腻子的性能应符合表 5.0.9 的要求。

表 5.0.9　柔性耐水腻子的性能要求

项　目		计量单位	指　标
容器中状态		—	均匀、无结块
施工性		—	刮涂无障碍
干燥时间(表干)		h	≤5
打磨性		—	手工可打磨
低温稳定性		—	－5 ℃冷冻 4 h 无变化，刮涂无障碍
耐水性 96 h		—	无异常
耐碱性 48 h		—	无异常
柔韧性		—	直径 50 mm，无裂纹
粘结强度	标准状态	MPa	≥0.60
	冻融循环 5 次	MPa	≥0.40

5.0.10　柔性腻子性能应符合表 5.0.10 要求。

表 5.0.10　柔性腻子的性能要求

项　目		计量单位	指　标
容器中状态		—	均匀、无结块
施工性		—	刮涂无障碍
干燥时间(表干)		h	≤ 5
打磨性		—	手工可打磨
低温稳定性		—	− 5 ℃ 冷冻 4 h 无变化，刮涂无障碍
耐碱性 48 h		—	无异常
柔韧性		—	直径 50 mm，无裂纹
粘结强度	标准状态	MPa	≥ 0.60
	冻融循环 5 次	MPa	≥ 0.40

5.0.11　饰面涂料的性能除应符合国家及行业相关标准的要求外，还应满足表 5.0.11 的抗裂性要求。

表 5.0.11　饰面涂料的抗裂性要求

项　目	指　标
平涂用涂料	断裂伸长率 ≥ 150%
连续性复层建筑涂料	主涂层的断裂伸长率 ≥ 100%
浮雕类非连续性复层建筑涂料	主涂层初期干燥应无裂纹

5.0.12　面砖粘结砂浆的性能应满足表 5.0.12 的要求。

表 5.0.12 面砖粘结砂浆的性能要求

项 目		计量单位	指 标
滑移		mm	≤0.5
压折比		—	≤3.0
线性收缩率		%	≤0.3
拉伸胶结强度	原强度	MPa	≥0.5
	浸水后	MPa	≥0.5
	热老化后	MPa	≥0.5
	冻融循环后	MPa	≥0.5
	凉置 20 min 后	MPa	≥0.5

5.0.13 面砖勾缝料的性能应符合表 5.0.13 的要求。

表 5.0.13 面砖勾缝料的性能要求

项 目		计量单位	指 标
外 观		MPa	均匀一致
颜 色		—	与标准样一致
凝结时间		h	大于 2 h，小于 24 h
压折比		—	≤3.0
透水性（24 h）		mL	≤3.0
拉伸粘结强度	常温常态 14 d	MPa	≥0.6
	耐水(常温常态 14 d,浸水 48 h，放置 24 h)	MPa	≥0.5

5.0.14 金属应采用不锈钢或经过表面防腐处理的金属制成，塑料钉和带圆盘的塑料膨胀套管应采用聚酰胺（polyamide 6、polyamide 6.6）、聚乙烯或聚丙烯制成，制作塑料钉和套管不得使用回收的再生材料。塑料锚栓有效锚固深度不小于 25 mm，塑料圆盘的直径不小于 50 mm。其技术性能指标应符合表 5.0.14 的要求。

表 5.0.14　锚栓的性能要求

项　目	指　标
单颗锚栓抗拉承载力标准值/kN	≥0.80

5.0.15 外保温系统采用的饰面砖应带有燕尾槽，其性能除应分别符合 GB/T 4100、JC/T 457、GB/T 7697 标准要求外，还应同时满足表 5.0.15 性能指标要求。

表 5.0.15　饰面砖的性能要求

项　目		计量单位	指　标
尺寸	6 m 以下墙面　表面面积	cm^2	≤410
	6 m 以下墙面　厚　度	cm	≤1.0
	6 m 以上墙面　表面面积	cm^2	≤190
	6 m 以上墙面　厚　度	cm	≤0.75
单位面积质量		kg/m^2	≤20

5.0.16 热镀锌电焊网的性能应符合表 5.0.16 的要求。

表 5.0.16　热镀锌电焊网的性能要求

项　　目	计量单位	指　　标
工　艺	—	热镀锌电焊网
丝　径	mm	0.9 ± 0.08
网孔尺寸	mm	12.7 × 12.7
焊点抗拉力	N	≥65
镀锌层质量	g/m²	≥122

5.0.17　在水泥基复合膨胀玻化微珠建筑保温系统中所采用的附件，包括射钉、密封膏、密封条、金属护角、盖口条等应分别符合相应的产品标准要求。

5.0.18　型式检验按照附录 A 规定的检验方法进行。

6 设 计

6.1 一般规定

6.1.1 水泥基复合膨胀玻化微珠建筑保温系统分墙体保温系统和楼地面保温系统，系统的构造设计及组成材料的性能应符合本规程第 3 章、第 4 章、第 5 章的规定。

6.1.2 水泥基复合膨胀玻化微珠建筑保温系统用于节能建筑的外墙保温隔热工程设计时，应优先采用外保温系统或内外组合保温系统。

6.1.3 水泥基复合膨胀玻化微珠建筑墙体保温系统保温层单面厚度设计极限值为 50 mm。当墙体外保温系统保温层厚度设计值大于 40 mm 时，应采用热镀锌电焊网对保温层增设一层防护层，并用塑料锚栓将其固定在基层墙体上。当水泥基复合膨胀玻化微珠建筑保温系统保温层总厚度超过 40 mm 时，宜采用内外组合保温系统将单面保温层厚度控制在不超过 40 mm。

6.1.4 当采用水泥基复合膨胀玻化微珠外墙内保温系统作保温隔热工程设计时，必须对外墙上的结构性冷桥部位进行保温处理和验算。

6.1.5 水泥基复合膨胀玻化微珠建筑保温系统用于节能建筑的层间楼地面保温工程设计时，宜采用水泥基复合膨胀玻化微珠保温浆料复合在楼地板上的构造设计；用于架空通风或外挑楼面的保温工程设计时，宜参照本规程 4.1.1 的外墙外保温系统进行构造设计，保温层厚度应不大于 50 mm。

6.1.6 水泥复合膨胀玻化微珠建筑保温系统用于建筑墙体或楼地面的保温隔热工程时，建筑热工节能设计应符合现行国家、行业和四川省地方建筑节能设计标准的规定。

6.2　建筑热工设计

6.2.1 水泥基复合膨胀玻化微珠建筑保温系统中保温层的计算导热系数 λ_c 及计算蓄热系数 S_c 取值除非经过论证，否则必须按表 6.2.1 选取；其他组成材料的建筑热工计算参数可参照现行国标《民用建筑热工设计规范》GB 50176 中的附表 4.1 选取。

表 6.2.1　设计计算 C-EVB 保温材料的 λ_c 和 S_c 取值

保温系统 使用位置	保温浆料类型	计算导热 系数 λ_c W/(m·K)	计算蓄热 系数 S_c W/(m²·K)
外墙外保温隔热工程	I	0.09	1.2
外墙内保温隔热工程	I	0.09	1.2
内墙及楼地面保温工程	II	0.10	—

6.2.2 建筑热工设计计算应符合下列要求：

　　1 围护结构保温工程采用水泥基复合膨胀玻化微珠保温系统时，外墙的平均传热系数 K_m 及平均热惰性指标 D_m 应由外墙主体部位的传热系数 K_p、热惰性指标 D_p 和结构性冷桥部位的传热系数 K_b、热惰性指标 D_b 计算值，与其对应的面积 F_p、F_b 在外墙中所占的面积比值 A 和 B，用加权平均方法按下式计算：

$$K_m = K_p \cdot A + K_b \cdot B \qquad （6.2.2-1）$$

$$D_m = D_p \cdot A + D_b \cdot B \qquad （6.2.2-2）$$

2 外墙主体部位面积 F_p 和结构性热桥部位面积 F_b 在外墙中所占面积比值 A 和 B，按表 6.2.2 选取。

表 6.2.2　F_p、F_b 在外墙面积中所占比值 A 和 B

建筑结构体系	A	B
砖混结构体系	0.75	0.25
框架结构体系	0.65	0.35
框剪结构体系	0.55（填充墙）	0.45
剪力墙结构体系	0.35（填充墙）	0.65
	亦可直接取剪力墙部位的 K 为 K_m	

3 当内墙由两种墙体材料构成时，亦应取平均传热系数 K_m，计算方法同上。

4 外墙结构性冷桥部位的传热系数 K_b 按外墙主体部位的传热系数 K_p 计算方法进行计算，只是在计算时，取钢筋混凝土冷桥部位的计算厚度 δ_b 与外墙主体部位墙体材料的计算厚度 δ_p 相同。

5 当外墙采用水泥基复合膨胀玻化微珠内保温系统时，除外墙的平均传热系数 K_m 应符合现行节能设计标准规定的指标外，尚应对结构性热桥部位的低限传热阻 $R_{0,min}$，按现行国标《民用建筑热工设计规范》GB 50176 中第 4.1.1 条的规定进行热工计算，使 $R_{0,min}$ 符合本地区冬季正常采暖条件下该部位内表面不结露的要求。

6 采用水泥基复合膨胀玻化微珠保温系统，钢筋混凝土梁、肋的底面接触室外空气的架空通风或外挑楼面的保温工程应按本规程 6.2.2 的规定计算楼面的平均传热系数 K_m，并使 K_m 符合现行节能设计标准中规定的限值。

7 住宅类建筑保温层计算厚度大于 30 mm 时，保温层设计厚度取计算值，保温层计算厚度小于 30 mm 时，保温层设计厚度取 30 mm。公共类建筑保温层计算厚度大于 40 mm 时，保温层设计厚度取计算值，保温层计算厚度小于 40 mm 时，保温层设计厚度取 40 mm。

6.3　构造设计要点

6.3.1　水泥基复合膨胀玻化微珠保温系统复合的墙体基层应坚实、平整。基层抹灰砂浆的抗拉粘结强度应不小于 0.2 MPa。

6.3.2　水泥基复合膨胀玻化微珠外墙外保温系统的构造设计，应包覆门窗外侧洞口、女儿墙以及密封阳台、飘窗等结构性热桥部位，并应做好该部位外保温系统工程的密封和防水构造处理；外墙上的水平或倾斜的出挑部位以及伸至地面以下的部位，均应做防水处理；在外保温系统上安装的设备及管道均应在墙体基层上事先预埋和预留，并应做好密封和防水处理，不得事后凿打破坏保温层。

6.3.3 水泥基复合膨胀玻化微珠外墙外保温系统采用涂料饰面层时，抗裂防护层用单层130 g 耐碱网格布作增强层，抗裂防护层厚度为 4 mm ~ 6 mm；当采用面砖作饰面层时，宜采用双层 130 g 或单层 300 g 耐碱网格布作增强层，抗裂防护层厚度为 6 mm ~ 10 mm。

6.3.4 抗裂防护层中的耐碱网格布铺设应符合下列要求：

1 在建筑物首层、门窗洞口、装饰缝、阴阳角等部位，应增加一层耐碱网格布作加强层。

2 耐碱网格布的搭接长度不应小于 100 mm。

3 阴阳角的耐碱网格布延伸宽度不应小于 200 mm。

4 门窗洞口周边的耐碱网格布应翻出墙面 100 mm，并应在四角沿 45°方向加铺一层 400 mm × 300 mm 的耐碱网格布。

6.3.5 面砖饰面保温系统抗裂防护层中的耐碱网格网应采用塑料锚栓固定在基层墙体上，空心基层（如空心砖墙体）用回拧式锚固件，实心基层（如实心砌体、混凝土构件等）用膨胀式锚固件；锚固数量不少于 6 个/m^2。

6.3.6 外墙外保温系统抗裂防护层应设计分格缝。分格缝的位置应结合建筑物外立面的设计及门窗洞口进行设置，并应做好分格缝的防水设计，确保雨水不会渗入保温层及基层。

6.3.7 楼地面保温系统的防护层应考虑设置分格缝以防止开裂。

6.3.8 外墙采用水泥基复合膨胀玻化微珠内保温系统时，应将外墙与横墙交接处的横墙300 mm宽度范围内及未作楼地面保温工程的外墙与楼地板交接处的楼地板上、下300 mm宽度范围内，用相同的外墙内保温系统延展处理建筑冷桥。

7 施 工

7.1 施工条件及工具

7.1.1 基层墙体应符合《混凝土结构工程施工质量验收规范》GB 50204 和《砌体工程施工质量验收规范》GB 50203 的要求。

7.1.2 外门窗洞口应通过验收，洞口尺寸、位置应符合设计要求。门窗框及外墙身上各类预埋铁件、管道管卡、设备穿墙管道等应安装完毕，并预留出保温层的厚度。

7.1.3 各种预留孔洞应提前施工完毕。伸出或穿过墙体的管道、排水沟孔和设备等应预先塞实、固定，并按具体部位进行防水试验，以免渗漏现象发生。

7.1.4 保温工程施工前，应编制专项施工方案，经监理或建设单位批准后方可实施。施工人员应经过培训。

7.1.5 抹灰前对墙柱连接处缝隙应用电焊钢丝网片加固。

7.1.6 既有建筑改造工程保温施工时，基层必须坚实，应将墙体的爆皮、粉化、松动、表面旧涂层、油污、隔离剂及墙角杂物清理干净，大于 10 mm 的凸出物应剔除铲平。已空鼓的应铲除，并修补缺陷、加固及找平。

7.1.7 施工机具主要有砂浆搅拌机、手提搅拌器、垂直运输机械、手推车、电锤、专用检测工具、放线工具、托板、抹子、靠尺、塞尺、钢尺等。

7.1.8 当气温高于 35 ℃或低于 5 ℃时，不得施工，外保温工程严禁雨天施工。夏季应避免阳光暴晒，雨期施工应采取有效防雨措施。

7.2　材料准备

7.2.1　施工用水泥宜选用普通硅酸盐水泥,其质量应符合《通用硅酸盐水泥》GB 175的要求。

7.2.2　施工用砂宜采用中砂,其质量应符合《建筑用砂》GB/T14684的规定。

7.2.3　水泥基复合膨胀玻化微珠保温系统组成材料的性能应达到本规程第5章要求;材料供应商应提供材料的配制配比和使用说明书。

7.2.4　外墙面砖应符合本规程第5章及相应产品标准要求。

7.3　搅　拌

7.3.1　材料应按配比进行计量,干粉料计量精度±2%,水、乳液计量精度±1%。

7.3.2　料浆搅拌宜选用鼓筒式搅拌机或砂浆搅拌机搅拌，每次搅拌量不宜少于0.1 m³;应确保搅拌均匀，加水量或稠度宜控制在厂家规定值。

7.2.3　配制好的料浆应在厂家规定的可操作时间内用完。

7.4 施工工艺

7.4.1 涂料饰面墙体保温工程施工工艺流程如图 7.4.1 所示。

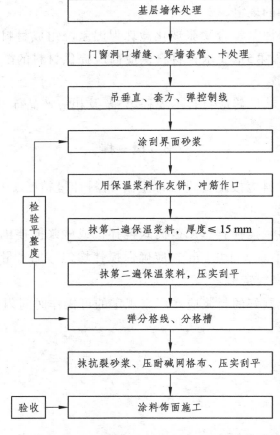

图 7.4.1 涂料饰面墙体保温工程施工工艺流程图

7.4.2 面砖饰面墙体保温工程施工工艺流程如图 7.4.2 所示。

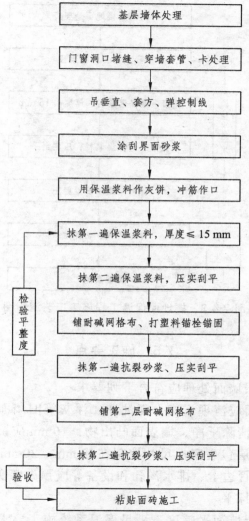

图 7.4.2　面砖饰面墙体保温工程施工工艺流程图

7.4.3 楼地面保温工程施工工艺流程如图 4.7.3 所示。

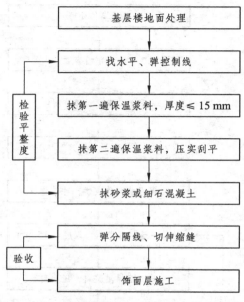

图 7.4.3 楼地面保温工程施工工艺流程图

7.5 施工要点

7.5.1 基层墙面处理应符合下列要求：

1 墙面应清理干净，无油渍、浮灰等旧墙面松动、风化部分应剔凿清除干净，墙表面凸出物≥10 mm应铲平。门、窗框四周保温层包裹窗框尺寸控制在10 mm～20 mm。外墙面伸出的管道，管边卡、排水沟孔和设备等应预先塞实、固定，并用水泥砂浆抹平。

2 基层墙面平整度不满足保温系统施工要求时，可以采用水泥基膨胀玻化微珠保温浆料、界面砂浆、普通水泥砂浆找平。基层墙面找平与保温层施工应分段进行，基层墙体找平厚度超过30 mm时，应采用多次分层涂抹，基层墙面找平层完成后，凉置不宜少于7 d；找平层基层墙面凉置干燥后再进行保温层施工。

7.5.2 拉垂直、水平通线、套方作口，用水泥基膨胀玻化微珠作标准厚度灰饼、冲筋。设置保温层厚度控制线时，应以基层墙找平层面为基准，计算保温系统控制厚度，不得将基墙找平厚度计入保温层厚度。

7.5.3 涂刷界面砂浆时应事先对基层墙体浇水处理使墙体饱水面干，用滚刷或扫帚蘸取界面砂浆均匀涂刷于墙面上，不得漏刮，拉毛厚度1 mm～2 mm。混凝土基层墙面必须采用界面砂浆拉毛处理。

7.5.4 保温层的施工应符合下列要求：

 1 涂抹保温层应采取多遍涂抹，至少不少于两遍涂抹，一遍施工厚度不应超过15 mm，每遍施工时应用大杠滚压，压实赶平，每层施工时间间隔不宜少于3 d。

 2 最后一遍操作时应达到冲筋厚度，并用刮杠压实、搓平。墙面、门窗口平整度应达到本规程表8.2.14的要求。

 3 吸水率相差较大的多种材料组成墙体，应分别在每种材料墙面施工保温层，交接处留50 mm～100 mm缝，待两面保温层均干燥后，再用相同保温材料补缝，并在保温层表面压入搭接耐碱网格布。

 4 保温层固化干燥（一般保温层施工后放置干燥时间不宜少于14 d）后方可进行抗裂保护层施工。

7.5.5 当保温层出现局部空鼓、表面疏松时应进行修补。空鼓的修补：确定空鼓区域，挖去空鼓部位保温层用相同保温材料进行修补，修补每次涂抹厚度不宜超过10 mm，当单块修补面积达到500 mm×500 mm时应在与原保温层交接的四周留20 mm～30 mm缝隙，待修补的保温层干燥后再用保温材料填缝。因淋雨、浸水造成保温层表面疏松，应先清掉疏松层，再用保温材料涂抹到规定厚度。

7.5.6 分格缝施工应符合下列要求：

1 应根据建筑立面情况，合理设置分格缝。

2 按设计要求在保温层上弹出分格线和滴水槽的位置，采用厚度不大于抹面层厚度的分格条，将分格条固定在保温层表面，抗裂砂浆涂刷结束后，将分格条取出形成分格缝，待抗裂防护层干燥收缩后用有机硅或丙烯酸防水涂料涂刷分格槽2遍，不得漏涂。

7.5.7 抗裂砂浆抹面施工必须检查保温层凝固、干燥程度，满足施工要求后方可进行抗裂防护层施工。抗裂砂浆施工时，同时在檐口、窗台、窗楣、雨篷、阳台、压顶以及突出墙面的顶面做出坡度，下面应做出滴水槽或滴水线，并做好防水处理。保温系统抗裂防护层施工完成后，凉置时间应不少于7 d再进行饰面层施工。

7.5.8 铺设耐碱网格布应按从上到下顺序施工，且应符合下列要求：

1 无锚栓单层网：用铁抹子在保温层上抹抗裂砂浆，刮平，铺耐碱网格布，用铁抹子将耐碱网格布压入抗裂砂浆中，要求耐碱网格布竖向铺贴并全部压入抗裂砂浆内，将抗裂防护层抹至规定厚度,刮平收光。耐碱网格布不得有干贴现象，粘贴饱满度应达到 100%；平面网格布搭接宽度不应小于 50 mm，阴角处网格布的搭接宽度不应小于 100 mm，阳角处网格布的搭接宽度不应小于 200 mm；两层搭接网格布之间要布满抗裂砂浆，严禁干茬搭接；在门窗口角处洞口边角应 45°斜向加铺一道耐碱网格布，耐碱网格布尺寸宜为 400 mm × 300 mm。

    2 有锚栓网：铺设耐碱网格布，植入锚固件固定，抹抗裂砂浆，刮平；用镘子将网格布提到砂浆表面，将抗裂防护层抹至规定厚度，刮平，即完成单层网格布抗裂防护层施工；再抹一层抗裂砂浆，铺设第二层耐碱网格布，用铁抹子将耐碱网格布压入抗裂砂浆中，要求耐碱网格布竖向铺贴并全部压入抗裂砂浆内，将抗裂防护层抹至规定厚度，刮平，即完成双层网格布抗裂防护层施工。

7.5.9 锚固件应符合下列要求：

    1 锚固件在主体墙体的锚固深度不宜小于 25 mm。

    2 锚固数量、布置应按设计或图集规定。

7.5.10 刮柔性腻子应在抗裂防护层干燥后施工，应做到平整光洁。涂刷弹性涂料，应涂刷均匀，不能漏涂。

7.5.11 饰面砖的施工应按相关国家现行标准规定进行。

7.6 成品保护

7.6.1 分格线、滴水槽、门窗框、管道、槽盒上残存砂浆，应及时清理干净。

7.6.2 电动吊篮作业或脚手架作业时，门窗洞口、边、角、垛宜采取保护性措施。其他工种作业时应不得污染或损坏墙面，严禁踩踏窗口。

7.6.3 各构造层在凝结硬化前应防止水冲、撞击、振动。

7.6.4 保温系统墙面完工后要妥善保护，不得玷污、撞击、损坏。

7.6.5 外墙作业时应遵守有关安全操作规程。

7.7 质量检查

7.7.1 水泥基复合膨胀玻化微珠保温系统施工质量应注重过程质量控制。各工序完成后应进行质量检查，质量合格后方可进行下一道工序。

7.7.2 水泥基复合膨胀玻化微珠保温系统空鼓检查宜在饰面层施工前进行。保温系统空鼓检查宜采取抽点，切割开观察施工存在空鼓。面砖饰面水泥基复合膨胀玻化微珠保温系统不得在粘贴面砖后，采用敲击听声法判断是否空鼓。

8 验　收

8.1　一般规定

8.1.1　水泥基复合膨胀玻化微珠建筑保温系统保温工程施工质量验收除应符合本规程的规定外，尚应符合《外墙外保温技术规程》JGJ 144、《建筑节能工程施工质量验收规范》GB 50411和《居住建筑节能保温隔热工程施工质量验收规程》DB51/5033的要求。

8.1.2　应对下列部位或内容进行隐蔽工程质量验收，并应有详细的文字记录和必要的图像资料：

    1　保温层附着的基层及其表面处理；

    2　构造节点；

    3　被密封保温材料厚度；

    4　锚固件；

    5　增强网铺设；

    6　冷热桥部位处理；

    7　面砖饰面时抗裂防护层厚度，涂料饰面时是否裸露耐碱网格布。

8.1.3　建筑节能工程验收批应符合下列规定：

    1　采用相同材料、工艺和施工做法的同类工程，每$500\text{ m}^2 \sim 1\,000\text{ m}^2$面积划分为一个验收批，不足$500\text{ m}^2$也可为一验收批；

    2　验收批的划分也可根据与施工流程相一致且方便施工与验收的原则，由施工单位和监理（建设）单位共同商定。

8.1.4 节能工程验收时应检查下列文件和记录：

1 保温工程的施工图、设计说明及其他设计文件；

2 材料的产品合格证书、型式检测报告；

3 隐蔽工程验收记录；

4 施工记录；

5 进场材料验收记录和复验报告；

6 节能工程性能检验报告。

8.2 主控项目

8.2.1 节能工程所用材料、构件等，其品种、规格应符合设计要求和相关标准规定。

检验方法：观察、尺量检查；核查产品质量证明文件。

检查数量：按进场批次，每批随机抽查3个试样进行检查；质量证明文件应按照其出厂检验批进行核查。

8.2.2 节能工程使用的材料应符合本规程第5章要求。

检验方法：核查质量证明文件及进场复检报告。

检查数量： 全数检查。

8.2.3 节能工程采用的保温系统组成材料，进场时应对其下列性能进行复检，复检应为见证取样送检：

1 水泥基复合膨胀玻化微珠保温浆料：导热系数、干表观密度、抗压强度、压剪粘结强度、膨胀玻化微珠粒径、粉料干密度；

2 界面砂浆：压剪粘结强度、耐水压剪粘结强度；

3 抗裂砂浆：拉伸粘结强度、浸水拉伸粘结强度、压折比；

4 耐碱网格布：单位面积质量、断裂强力、耐碱断裂强力保留率；

5 塑料锚栓：单颗锚栓抗拉承载力标准值。

检验方法：随机抽样送检，核查复检报告。

检查数量：同一厂家同一品种的产品，当单位工程建筑面积在2万m²以下时各种材料抽检不少于3次；当单位工程建筑面积在2万m²以上时各种材料抽检不少于6次。

8.2.4 应按照设计和施工方案的要求对基层进行处理，处理后基层应符合保温层施工要求。

检查方法：对照设计和施工方案观察检查；检查隐蔽工程验收记录。

检查数量：全数检查。

8.2.5 节能工程各层构造做法应符合设计要求，并应按照经过审批的施工方案施工。

检查方法：对照设计和施工方案观察检查；检查隐蔽工程验收记录。

检查数量：全数检查。

8.2.6 节能工程的施工应符合下列规定：

1 保温层的厚度必须符合设计要求，不得有负偏差。

2 保温层应分层施工。保温层与基层墙体以及各构造层之间必须粘结牢固，不应有脱层、空鼓及开裂等现象。

3 当保温层采用预埋或后置锚固件固定时，锚固件数量、位置、锚固深度和单颗锚栓抗拉承载力标准值应符合设计或图集要求。

4 面砖饰面系统保温层的抗裂防护层厚度应满足本规程要求，面砖粘结强度应达到JGJ 110标准要求；涂料饰面外墙外保温系统的抗裂防护层不应裸露耐碱网格布。

5 外墙外保温系统抗拉强度、墙体内保温系统抗冲击性
应达到本规程要求。

检验方法：观察、手扳检查，保温层厚度或抗裂防护层厚
度采用钢针插入、剖开尺量或钻心取样检查；面砖粘结强度、
单颗锚栓抗拉承载力标准值、保温系统抗拉强度与抗冲击性检
查现场检验报告；核查隐蔽工程验收记录。

检查数量：每个验收批抽查不少于3处。

8.2.7 应在现场施工中取水泥基复合膨胀玻化微珠保温浆料
拌和物制作同条件养护试件，检测其导热系数、干表观密度、
抗压强度。

检验方法：核查检验报告。

检查数量：每个验收批不少于3组。

8.3 一般项目

8.3.1 进场材料的外观与包装应完整无破损，符合设计要求
和产品标准的规定。

检验方法：观察检查。

检查数量：全数检查。

8.3.2 耐碱网格网铺贴和搭接应符合设计和施工方案的要
求。砂浆应抹压密实，耐碱网格布不得褶皱、外露等。

检验方法：观察检查；核查隐蔽工程验收记录。

检验数量：每个验收批抽查不少于5处，每处不少于2 m^2。

8.3.3 设置空调的房间，其外墙热桥部位应按设计要求采取
隔断热桥措施。

检验方法：对照设计和施工方案观察检查；核查隐蔽工程

验收记录。

检验数量：按不同热桥种类，每种抽查10%，且不少于5处。

8.3.4 构造、施工产生的冷热桥部位，如穿墙套管、脚手架、孔洞等，应按照设计或施工方案采取隔断热桥措施，不得影响墙体热工性能。

检验方法：应对照设计和施工方案观察检查。

检验数量：全数检查。

8.3.5 保温浆料层宜连续施工；保温层厚度均匀、接茬平顺密实。

检验方法：观察、尺量检查。

检验数量：每个验收批抽查10%，并不少于10处。

8.3.6 墙体容易碰撞的阳角、门窗洞口及不同材料基体的交接处等特殊部位，其保温层应采取防止开裂和破损的加强措施。

检验方法：观察检查；核查隐蔽工程验收记录。

检验数量：按不同部位，每类抽查10%，且不得少于5处。

8.3.7 保温层、抗裂层的允许偏差和检查方法见表8.3.7。

表 8.3.7　保温层、抗裂层的允许偏差和检查方法

项次	项　目	允许偏差	检查方法
1	立面垂直度	≤4 mm	用2 m垂直检测尺检查
2	表面平整度	≤4 mm	用2 m靠尺或塞尺检查
4	阴阳角方正	≤4 mm	用直角检测尺检查
5	分格条（缝）平直	≤4 mm	拉5 m线和尺量检查
6	立面总高垂直度	$H/1000$ 且不大于 30 mm	用经纬仪、吊线检查
7	上下窗口左右偏移	不大于20 mm	用经纬仪、吊线检查
8	同层窗口上、下	不大于20 mm	用经纬仪、拉通线检查

附录 A 检验方法

A. 0. 1 型式检验指本规程规定的保温系统及其组成材料全部性能项目检验，型式检验报告 2 年内有效。

A. 0. 2 外保温系统、组成材料检验按照《胶粉聚苯颗粒外墙外保温系统》JG158 – 2004 规定进行。

A. 0. 3 膨胀玻化微珠的性能检验按照 JC/T 1042 规定进行。

A. 0. 4 墙体内保温系统检验按附录 B 规定进行。

A. 0. 5 楼地面保温系统检验按附录 C 规定进行。

A. 0. 6 保温层厚度、抗裂层厚度测试按照《建筑节能工程施工质量验收规范》GB 50411 – 2007 规定进行。

A. 0. 7 保温工程保温系统抗拉强度按照《外墙外保温技术规程》JGJ 144 – 2004 中粘结剂现场拉伸粘结强度试验方法规定进行。

A. 0. 8 保温工程保温系统冲击性按照《住宅内隔墙轻质墙板》JG/T 169 – 2005 规定进行。

A. 0. 9 保温工程塑料锚栓单颗锚栓抗拉承载力标准值按《外墙保温用锚栓》JG/T 366 – 2012 规定进行。

附录 B　墙体内保温系统试验方法

B.1　试验室检测

B.1.1　试件制备应符合下列要求：

　　1　用不低于 C30 的细石混凝土制作 1 200 mm × 600 mm × 50 mm 钢筋混凝土平板作基板。基板强度应满足冲击试验不破坏，表面平整、毛面，龄期 14 d 以上。

　　2　将基板浇水做到饱和面干，在基板表面按本规程第 7 章规定要求制作保温层和抗裂防护层，保温层厚控制在（50 ± 5）mm。

　　3　应在室内自然条件下养护 28 d。

　　4　应制作 2 块试件，1 块用于冲击试验，1 块用于系统抗拉强度检测。

B.1.2　抗冲击性试验应符合下列要求：

　　1　将试件固定在刚性架子上，应确保冲击时试件无晃动。

　　2　冲击过程按 JG/T 169 规定进行，冲击部位为试件中心。

　　3　检测数量 1 块板。

B.1.3　系统抗拉强度试验应符合下列要求：

　　1　在试件上均匀布置 5 个测试点，用切割机切割 40 mm × 80 mm 方块，切割至基板表面。

　　2　拉伸试验方法按 JGJ 110 规定进行。

3 检验结果取 5 个值的算术平均值。

B.2 保温工程现场检测

B.2.1 检测应满足内保温工程施工完,养护龄期 28 d 以上的条件。

B.2.2 抗冲击性试验应抽取一壁符合要求的内保温系统墙体,且按 JG/T 169 规定进行。

B.2.3 系统抗拉强度试验应符合下列要求:

1 抽取一壁符合要求的内保温系统墙体,在试件上均匀布置 5 个测试点,点之间间距不小于 500 mm,用切割机切割 40 mm × 80 mm 方块,切割至基层墙体表面。

2 拉伸试验方法按 JGJ 110 规定进行。

3 检验结果取 5 个值的算术平均值。

附录 C 楼地面保温系统试验方法

C.1 试验室检测

C.1.1 试件制备应符合下列要求：

1 用不低于 C30 的细石混凝土制作 1 200 mm × 600 mm × 50 mm 钢筋混凝土平板作基板。基板为表面平整、毛面，龄期 14 d 以上。

2 将基板浇水做到饱和面干，在基板表面按本规程第 7 章规定要求制作保温层和细石混凝土或砂浆保护层，保温层厚控制在（50±5）mm。

3 在室内自然条件下养护 28 d。

C.1.2 抗压荷载试验应符合下列要求：

1 将试件放在平整坚实平板上，在试件中心部位表面放上 200 mm × 200 mm 木板，在木板上放置 300 kg 砝码，记录时间，保持 10 min；卸去砝码，观察受压部位表面情况。

2 检测数量为 1 处。

C.2 保温工程现场检测

C.2.1 检测应满足楼地面保温工程施工完，养护龄期 28 d 以上的条件。

C.2.2 试验过程应满足下列条件：

1 抽取一间符合要求的楼地面保温系统，在中间部位表面放上 200 mm × 200 mm 木板，在木板上放置 300 kg 砝码，记录时间，保持 10 min；卸去砝码，观察受压部位表面情况。

2 检测数量为 1 处。

本规程用词说明

1　为了便于在执行本规程条文时区别对待，对要求严格程度不同的用词说明如下：

1）表示很严格，非这样做不可的：

正面词采用"必须"，反面词采用"严禁"；

2）表示严格，在正常情况下均应这样做的：

正面词采用"应"，反面词采用"不应"或"不得"；

3）表示允许稍有选择，在条件许可时首先应这样做的：

正面词采用"宜"，反面词采用"不宜"；

4）表示有选择，在一定条件下可以这样做的，采用"可"。

2　规程中指定应按其他规范、规程、标准执行时，采用"应按……执行"或"应符合……的要求或规定"。

引用标准名录

1 《民用建筑热工设计规范》GB 50176
2 《公共建筑节能设计标准》GB 50189
3 《建筑节能工程施工质量验收规范》GB 50411
4 《夏热冬暖地区居住建筑节能设计标准》JGJ 75
5 《建筑工程饰面传粘结强度检验标准》JGJ 110
6 《夏热冬冷地区居住建筑节能设计标准》JGJ 134
7 《外墙外保温工程技术规程》JGJ 144
8 《膨胀聚苯板薄抹灰外墙外保温系统》 JG 149
9 《胶粉聚苯颗粒外墙外保温系统》JG158
10 《住宅内隔墙轻质墙板》JG/T 169
11 《耐碱玻璃纤维网格布》JC/T 841
12 《膨胀玻化微珠》JC/T 1042
13 《镀锌电焊网》QB/T 3897
14 《四川省居住建筑节能设计标准》DB 51/5027

四川省工程建设地方标准

水泥基复合膨胀玻化微珠建筑保温系统技术规程

DB51/T 5061－2015
代替　DB51/T 5061－2008

条 文 说 明

目　次

1 总　则

1.0.1　为了使水泥基膨胀玻化微珠建筑保温系统在生产、设计、施工和工程验收等环节的质量和管理得到有效控制，确保工程质量，制定本规程。

1.0.2　本规程是专门针对水泥基复合膨胀玻化微珠建筑保温系统在建筑节能工程的应用要求编制，不包括岩水泥基复合膨胀玻化微珠保温浆料在其他方面的应用。

1.0.3　本规程为专用标准。水泥基复合膨胀玻化微珠建筑保温系统的材性、构造、施工和验收应当符合对建筑节能工程的通用要求。虽然本规程在编制时考虑到规程使用的方便，将国家建筑节能工程的相关规范的要求尽可能地转换为本规程的条文，但是不可能做到穷尽，同时标准也会不断修订。因此，采用本规程时，要与相关国家标准配套使用。

2 术 语

2.0.2 膨胀玻化微珠是由玻璃质火山熔岩矿，黑曜岩、珍珠岩、松脂岩砂经膨胀、玻化等工艺制成的内部为多孔空腔结构的无机颗粒材料。膨胀玻化微珠与膨胀珍珠岩的区别就在颗粒表面玻化度，一般玻化较好的膨胀玻化微珠外表为球形，有玻璃质光泽，硬度较大。该产品在《膨胀玻化微珠》JC/T 1042 – 2007 标准出来以前，名称叫法不统一，除叫膨胀玻化微珠外，有些叫闭孔珍珠岩，有些叫中空微珠。

2.0.3 水泥基复合膨胀玻化微珠保温浆料，根据不同使用部位对材料的保温性、强度等性能的不同要求，本规程将水泥基膨胀玻化微珠保温浆料分为两类，以满足不同使用部位的要求。

Ⅰ型水泥基膨胀玻化微珠保温浆料，密度轻，保温性好，强度低，适合墙体保温工程用。

Ⅱ型水泥基膨胀玻化微珠保温浆料密度大，导热系数差些，强度高，适合楼地面保温工程用。

3 基本规定

3.0.1　水泥基膨胀玻化微珠建筑保温系统的性能比较适宜夏热冬冷地区、夏热冬暖地区建筑保温工程。建筑节能设计规范对不同的气候区域、地区建筑热工设计参数要求不相同，保温系统在不同的气候区域使用时，其性能应分别满足相应气候地区建筑节能设计标准要求。寒冷地区经过设计计算满足要求，可参照本规程设计选用；严寒地区不推荐使用本保温系统。

3.0.2　墙面在施工保温层后，受温度、湿度变化作用，墙面变形较未作保温增大，容易产生裂纹；为了避免由于保温层耐水性差，出现保温层浸透而脱落，保温工程对外墙面裂纹控制较严。因此，本规程规定保温系统涂料饰面层必须采用柔性腻子和弹性涂料，不得选用刚性腻子和涂料；保温系统饰面层不宜采用面砖饰面。采用面砖饰面时，面砖必须采用具有柔性面砖粘结砂浆粘贴。面砖大小、质量对保温系统安全性影响较大，因此必须对保温系统使用的面砖尺寸、质量进行限制。

4 系统构造

　　建筑不同部位的保温系统，使用环境不同，对其性能要求也不尽相同；本章规定了 6 类使用部位水泥基复合膨胀玻化微珠保温系统的系统构造，以满足不同使用要求。

　　薄抹灰保温系统采用塑料锚栓固定耐碱网格布后，抗裂防护层容易在锚栓圆盘附近开裂，但增加锚栓锚固有利于加强安全性；在保证安全性和抗裂性的前提下，涂料饰面外墙外保温系统是否加锚栓锚固，各保温企业可根据自己材料特性及工程经验确定。

　　根据工程实践，耐碱玻纤网格布的耐久性优于镀锌电焊网，故本规程给出了面砖饰面薄抹灰保温系统采用耐碱玻纤网格布作裂防护层增强网的构造形式。

5　性能要求

拉伸粘结强度更能反映与基层的粘结性，且测量误差更小，故将界面砂浆的技术要求由压剪粘结强度改为拉伸粘结强度。

6 设　计

6.1.2　外墙外保温系统整体性好,具有良好的保温隔热效果;外墙内外组合保温系统既具有良好的保温隔热效果,又减少了材料消耗,同时避免了单一外保温系统厚度很厚,有利于提高保温系统安全性。设计时应优先选用外墙外保温系统,剪力墙结构推荐选用内外组合保温系统。

6.1.3　保温层厚度超过50 mm,选用水泥基复合膨胀玻化微珠建筑墙体保温系统不经济。单面水泥基复合膨胀玻化微珠保温浆料厚度超过40 mm,施工工期长,在工程实际中很难做到保温层干燥后再施工防护层和饰面层。

6.1.4　对结构性冷桥部位进行保温处理是保证保温系统节能效果、减小和消除温度应力、防止和避免结露的技术措施。

6.2.1　为避免设计不统一引起混乱,确保保温工程质量,在计算保温层厚度时,对水泥基复合膨胀玻化微珠保温材料的计算导热系数规定统一取给定值。保温材料导热系数是在绝干状态测试的,实际使用时与外界环境达到平衡后,保温材料仍含一定量的水,含水率对材料导热系数影响较大,另外施工时保温层厚度、密度也存在一定波动;因此,在计算保温层厚度时,应对材料导热系数进行适当修正,本规程计算导热系数修正系数为1.25。

6.2.2 在工程实践中，发现部分工程采用节能工程能效理论计算刻意减薄保温层厚度；故对保温系统设计最小厚度进行限制性规定。

6.3.6 墙面较大时，增加抗裂防护层和饰面层的柔性不可能完全避免出现裂纹；设置分格缝是避免保温系统表面出现裂纹的有效手段，进行保温工程设计和制定施工方案时应注意合理设置分格缝。

7 施 工

7.5.4 许多保温工程质量事故是由于抢工期或不按规程施工引起的。基层墙体未充分干燥稳定就开始保温工程施工，保温层一次涂抹太厚，保温层每层涂抹时间间隔太短；保温层未充分干燥，就进行抗裂砂浆抹面施工，保温层、抗裂防护层未干燥稳定就进行饰面层施工，都可能导致保温系统开裂、空鼓、分层以及局部脱落。合理安排工期，前一工序质量符合要求后，方进行下一道工序是保证保温工程质量的有效手段。

7.7.2 工程实践中，部分面砖饰面工程由于在工程完工后用敲击的方法检查面砖是否空鼓，把本来没有空鼓或局部较小空鼓的工程弄成大面积空鼓，最后只得铲掉重做。要保证水泥基复合膨胀玻化微珠保温系统工程无空鼓，应通过过程来实现。